BEI GRIN MACHT SICH IHR WISSEN BEZAHLT

- Wir veröffentlichen Ihre Hausarbeit,
  Bachelor- und Masterarbeit

- Ihr eigenes eBook und Buch -
  weltweit in allen wichtigen Shops

- Verdienen Sie an jedem Verkauf

Jetzt bei www.GRIN.com hochladen
und kostenlos publizieren

Markus Lueske

Der Strukturwandel altindustrialisierter Räume: Das Ruhrgebiet

Ursachen, Ablauf und Perspektiven

GRIN Verlag

Bibliografische Information der Deutschen Nationalbibliothek:

Die Deutsche Bibliothek verzeichnet diese Publikation in der Deutschen National-
bibliografie; detaillierte bibliografische Daten sind im Internet über http://dnb.d-
nb.de/ abrufbar.

Impressum:

Copyright © 2001 GRIN Verlag GmbH
Druck und Bindung: Books on Demand GmbH, Norderstedt Germany
ISBN: 978-3-656-52106-8

Dieses Buch bei GRIN:

http://www.grin.com/de/e-book/16611/der-strukturwandel-altindustrialisierter-
raeume-das-ruhrgebiet

Ursachen, Ablauf und Perspektiven des Strukturwandels altindustrialisierter Räume: Das Beispiel Ruhrgebiet

von

Markus Lueske

Ursachen, Ablauf und Perspektiven des Strukturwandels altindustrialisierter Räume: Das Beispiel Ruhrgebiet

- Seminararbeit -

Universität Mannheim

Geographisches Institut

im Rahmen des Hauptseminars:

Zum Wandel wirtschaftsräumlicher Strukturen

auf unterschiedlichen Maßstabsebenen

WS 2001/2002

von

Markus Lüske

Inhaltsverzeichnis

1 Einleitung

Wirtschaftsräumliche Strukturen unterliegen in einer offenen Wirtschafts- und Gesellschaftsordnung einem permanenten Wandel; besonders in altindustrialisierten Räumen ist dieser Prozess stark ausgeprägt. Die Folge ist, dass einzelne Wirtschaftszweige an Bedeutung gewinnen, während andere verlieren.

Spricht man vom Strukturwandel im Ruhrgebiet, so wird damit oft jene Krise assoziiert, die in den 1950er Jahren mit dem Zechensterben begann und zwei Jahrzehnte später auch die Stahlindustrie erfasste. Jedoch ist der Strukturwandel im „Revier" kein Ereignis der letzten 40 Jahre, sondern ein Prozess, den es seit Beginn der Industrialisierung im Ruhrgebiet gibt.
Wirtschaftlicher Strukturwandel ist ein Charakteristikum in der Entwicklung dieser Region. Er bedeutet nicht allein Abbau bestehender Strukturen, so wie dies in altindustrialisierten Räumen weltweit zu beobachten ist. Strukturwandel im Ruhrgebiet bedeutet vielmehr das Zurückdrängen der ehemals dominierenden Montanindustrie und der gleichzeitige Aufbau neuer Strukturen im Dienstleistungs- und High-Tech-Bereich.

In der vorliegenden Arbeit wird zuerst erläutert, was unter dem Begriffen Strukturwandel und altindustrialisierte Räume zu verstehen ist. In diesem Zusammenhang werden auch dynamisch-zyklische Ansätze erwähnt, die betonen, dass sich die Wirtschaft in einem ständigen Wandel befindet. Im Kapitel 3 werden die Ursachen und der Ablauf des Strukturwandels im Ruhrgebiet von der präfordistischen Phase bis in die Gegenwart vorgestellt. Von der Deindustrialisierung bis zu Neoindustrialisierung wird der Prozess des Wandels von einer Montanregion zu einer Dienstleistungsregion beschrieben, die aber an ihren industriellen Wurzeln festhält. Den Abschluss bildet eine kritische Betrachtung der Zukunftsperspektiven.

2 Strukturwandel in altindustrialisierten Räumen – Definitionen

2.1 Altindustrialisierte Räume

Die Geographie hat eine Reihe konkreter Beispiele parat, die als altindustrialisierte Räume zu charakterisieren sind: die Region um Pittsburgh, alle europäischen Industriegebiete, die auf dem Steinkohlengürtel entstanden sind, von Mittelengland über Nordfrankreich, die belgische Wallonie, das südniederländische Limburg, Lothringen, das Saarland, das Aachener Revier, das eigentliche Ruhrgebiet bis ins Oberschlesische Industriegebiet (Michel, E. 1991, S. 2).

Altindustrialisierte Räume sind Regionen, die von den Industrien der frühen Industrialisierungsphase wie Kohle, Stahl, Textil und Schiffbau geprägt sind und sich infolge der Krisen dieser Branchen in einem tiefgreifenden Transformationsprozess befinden (Köhler, H.-D. 1994, S. 5).
Dabei ist "alt" nicht historisch, sondern im Sinne des Produktlebenszyklus zu verstehen. Alte Industrien sind danach solche, deren Produkte am Ende ihrer Entwicklung stehen und teilweise von anderen, neuen Produkten substituiert werden, so dass ihre Märkte ständig schrumpfen, während ihre Produktion technisch so problemlos geworden ist, dass sie zunehmend in kostengünstigere Regionen verlagert wird. Die Infrastruktur ist in den altindustrialisierten Regionen zwar quantitativ sehr weit ausgebaut, sie ist jedoch oft veraltet und qualitativ unzureichend bzw. lediglich auf die spezifischen Bedürfnisse der traditionellen Industrien ausgerichtet. Als wichtigster Engpassfaktor gilt in diesem Bereich die fehlende, zu geringe, veraltete oder für neue Industrien ungeeignete Qualifikation der Arbeitskräfte
(Ott, Th. 1997, S. 1).

Weitere Merkmale altindustrialisierter Räume sind:
- Dominanz von Großbetrieben
- Monostrukturierung und einseitiger Arbeitsmarkt
- Betriebsstillegungen, Beschäftigungsabbau
- hohe und verfestigte Arbeitslosenquote
- hohe Einwohner- und Industriedichte
- Abwanderung, Überalterung, soziale Erosion

- Altlastprobleme, Brachflächen
- Geringes Potential innovativer, zukunftsorientierter Branchen
- Identifikations- und Imageprobleme

(Maier, J./Beck, R. 2000, S. 124)

Anpassungsprozesse in altindustrialisierten Räumen an die veränderten Erfordernisse des Marktes bewirken einen Strukturwandel in diesen Räumen; die o.g. typischen Merkmale erschweren allerdings den Prozess.

2.2   Strukturwandel

Der Bedeutungswandel von Wirtschaftszweigen kennzeichnet den ökonomischen Strukturwandel. Dabei handelt es sich um eine längerfristige und meist irreversible Veränderung der Struktur im sozioökonomischen Bereich (Leser, H. 2001, S.847). Seit den 1970er Jahren ist der Übergang von der Industriegesellschaft zur Dienstleistungsindustrie verstärkt zu beobachten, ein Prozess, bei der Dienstleistungen aller Art die Güterproduktion begleiten.

Konjunktur- und Strukturveränderungen müssen getrennt betrachtet werden, da es sich bei den Erstgenannten um kurzfristige Erscheinungen handelt, die allerdings auch Strukturveränderungen bewirken können (Gugisch, I./Belina, P./Maier, S. 1997, S. 85).

Die Suche nach den Ursachen für einen Strukturwandel stellt ein kontrovers diskutiertes Forschungsfeld dar. Es existiert keine einzelne, allumfassende Theorie, die den komplexen Strukturwandel erklären könnte. Allerdings leisten einige Theorieansätze wesentliche Beiträge zum besseren Verständnis des Prozesses. Zwei ökonomische Ansätze werden im folgenden kurz dargestellt.

2.2.1   Die Theorie des Produktzyklus

Diese Theorie geht auf einer mikroökonomischen Maßstabsebene davon aus, dass ein Produkt nur eine begrenzte Lebensdauer besitzt und einen Lebenszyklus durchläuft. Dieser Zyklus ist durch vier Phasen gekennzeichnet: Entwicklung und Einführung, Wachstum, Reife und Schrumpfung. Produktions- und Absatzbedingungen (Faktoreinsatz, Umsatz, Wettbewerb, Profit, Innovationen) ändern sich im Laufe des Lebenszyklus; es kommt u.a. zu Schwerpunktverschiebungen von Forschungs- und Entwicklungsinvestitionen zu Rationalisierungsinvestitionen, von kleinen Losgrößen zur Massenproduktion und zur Verlagerung des optimalen Produktionsstandortes. Steigende Sachkapitalintensität, sich verschärfender Qualitäts- und Preiswettbewerb erzwingen eine funktionale Standortspaltung oder Zweigbetriebsgründungen im Hinterland des Zentrums, in peripher gelegenen Standorten oder in Niedriglohnländern (Schätzl, L. 2001, S. 210-213).

Zu kritisieren ist, dass diese Theorie für manche Produkte zutrifft; allerdings reicht bislang die Innovationsfähigkeit im Stahlsektor zur Produktion von Qualitätsstählen und Kombinationen mit neuen Werkstoffen aus, so dass sich der Verbrauch auf einem relativ hohen Niveau einpendelt (Butzin, B. 1993, S. 8).

2.2.2 Die Theorie der langen Wellen

Die u.a. auf Kondratieff und Schumpeter zurückgehende Theorie liefert einen Erklärungsansatz für die Entstehung und Verlagerung von wirtschaftlichen Räumen anhand des technischen Fortschritts. Die zentrale Aussage lautet, dass grundlegende technische Neuerungen – sogenannte Basisinnovationen – in zyklischen Abständen gehäuft auftreten und somit lang anhaltende Wachstumsschübe („lange Wellen") auszulösen vermögen. Die Basisinnovationen bringen als Produktinnovation neue Wachstumsindustrien hervor, als Prozessinnovationen bewirken sie grundlegende Veränderungen in bereits bestehenden Wirtschaftszweigen.
Auf den Komplex Dampfmaschine/Kohle/Eisen (1. Welle) folgten Stahl/Eisenbahn (2. Welle), dann Elektrizität/Chemie/Auto (3. Welle) und schließlich - in den 1970er Jahren zur Reife gelangt - der Chip-/Kunststoff-/Flugzeug-Komplex (4. Welle). Als basistechnologische Generation der 5. Welle werden Information und Kommunikation, Gen- und Biotechnologie genannt (Butzin, B. 1993, S. 8).

In der Vergangenheit lag der räumliche Konzentrationskern einer neuen langen Welle in der Regel entfernt von jenem des alten Zentrums. Bei globaler Betrachtung lag das Zentrum der ersten Welle in England (Manchester), während sich die Zentren der zweiten Welle zusätzlich in Deutschland (Ruhrgebiet) und den USA (Ostküste) etablierten. In der dritten Welle kamen neben westeuropäischen Ländern weitere Staaten der USA hinzu, und während der vierten langen Welle trat Japan als Ausgangspunkt und Kristallisationskern von Basisinnovationen hinzu. Zu Beginn der fünften langen Welle wird erwartet, dass sich der pazifische Raum zu einer führenden Industrieregion entwickeln könnte.

Ein Grund der Standortverlagerungen liegt darin, dass die Kernregionen der alten Welle nicht den Standortanforderungen der neuen Wachstumsindustrien genügen, etwa in Bezug auf die Infrastruktur oder das Humankapital. Hinzu kommt, dass statisches Verhalten von Großunternehmen, Gewerkschaften und Regierungen die notwendigen Anpassungs-prozesse verhindern (Schätzl, L. 2001, S. 221).

Auch dieser Ansatz vermag aber nicht zu erklären, warum es einigen altindustrialisierten Räumen wie dem ehemals schwerindustriellen Raum Pittsburgh gelingt, sich zu entwicklungsstarken Regionen zu entfalten. Die Erklärung wird heute in Konzepten gesucht, die die Bedeutung „außerökonomischer" Faktoren betonen: organisatorischen Fähigkeiten, wie z.B. Kooperationskompetenz in unternehmerischen Netzwerken wird eine Schlüsselrolle zugewiesen (Butzin, B. 1993, S. 8).

Zusammenfassend lassen sich folgende Ursachen für den Strukturwandel benennen:
- globaler Wettbewerb und Liberalisierung der Märkte
- Veränderung der Produktionsprozesse
- ungünstige Branchen- und Betriebsgrößenstruktur
- Veränderung der Nachfrage nach Dienstleistungen
- Innovationen und technischer Fortschritt
- Veränderung der Subventionspolitik
- hohe Umweltbelastungen

(Gaebe, W. 1998, S. 117)

Die mit der Industrialisierung entstandene sektorale Spezialisierung von Räumen, z.B. durch Montanindustrie, Textilindustrie oder Werften, verliert mehr und mehr an Bedeutung, dagegen gewinnt die mit der Veränderung der Unternehmensstrukturen verbundene funktionale Spezialisierung an Bedeutung, z.B. durch Forschung und

Entwicklung, Qualitätsmanagement, Informations- und Kommunikationstechnologie (Gaebe, W. 1998, S.115). Versucht man daher den wirtschaftlichen Strukturwandel zu differenzieren, so kann dies in sektoraler oder in funktionaler Hinsicht erfolgen.

2.2.3   Sektoraler Wandel

Im wirtschaftlichen Bereich wird der „Sektorbegriff" unterschiedlich eingesetzt. Am häufigsten findet man die Unterteilung der Wirtschaft in drei Sektoren: in den Primären (Agrar- und Forstwirtschaft, Fischerei und der Bergbau ohne Aufbereitung), Sekundären (Industrie einschließlich Energiegewinnung und Aufbereitung von Bergbauprodukten, Bauwesen, Handwerk und Heimarbeit) und Tertiären Sektor (Dienstleistungen wie Handel, Verkehr, Verwaltung, Bildungs- und Schulwesen sowie die freien Berufe) (Coy, M. 2001).
Bei der sektoralen Betrachtungsweise wird die output-orientierte Seite untersucht, d. h. dass die Zuteilung zu einem der drei Sektoren nach dem Endprodukt vorgenommen wird. Der Strukturwandel schlägt sich somit in Verschiebungen der Anteile der verschiedenen Sektoren nieder (Gugisch, I./Belina, P./Maier, S. 1997, S. 87).

Als problematisch erweist sich bei der Untergliederung der Wirtschaft in nur drei Sektoren, dass zwangsläufig spezifische Eigenschaften einzelner Wirtschaftszweige vernachlässigt werden und so nur Trends des sektoralen Wandels sichtbar werden. Des Weiteren lassen sich wirtschaftliche Aktivitäten nur schwer getrennt nach Sektoren erfassen, da sich die Bereitstellung von Dienstleistungen nicht auf den Tertiären Sektor beschränkt. Auch innerhalb der Industrie lässt sich ein hoher Anteil an Dienstleistungstätigkeiten identifizieren (Tertiärisierung der Industrie) (Maier, J./Beck, R. 2000, S. 32/33).

2.2.4   Funktionaler Wandel

Betrachtet man den Wandel der betrieblichen Funktionen, so zeigt sich, dass der Anteil tertiärer Arbeit stärker zugenommen hat als die Nachfrage nach tertiären Gütern. Veränderungen im Arbeitseinsatz (Imput-Orientierung) rücken somit in den Mittelpunkt der Untersuchungen (Stettberger, M. 1997, S. 1).

Eine Einteilung der Erwerbstätigen erfolgt unabhängig vom Endprodukt in die Bereiche Fertigung und Dienstleistung. Dabei kann als Indikator des Strukturwandels die Verschiebung der Arbeitsplätze zwischen den beiden Bereichen angesehen werden. Beispiel hierfür ist der vermehrte Übergang in der Industrie von produzierenden Tätigkeiten zu Aufgaben des Controlling oder der Logistik (Gugisch, I./Belina, P./Maier, S. 1997, S. 88).

Die stattfindende Tertiärisierung wird auch durch die Proportionsverschiebung in der Berufsstruktur zu Gunsten der Angestellten und zu Lasten der Arbeiter verdeutlicht. Damit verbunden ist eine sich verändernde Qualifikationsstruktur, die auf die zunehmende Bedeutung der Dienstleistungen und den abnehmenden Anteil der reinen Herstellungstätigkeiten hinweist. Besonders im kaufmännischen Bereich entstehen neue Arbeitsfelder bei der Beratung von und der Zusammenarbeit mit Kunden. Marketing entwickelt sich zum Vermittler zwischen Produktentwicklung und Kunden und nimmt damit an personellem Aufwand zu. Deshalb werden kaufmännische Funktionen in wachsendem Maße in die Bereiche Produktentwicklung und Qualitätsmanagement einbezogen (Gruhler, W. 1990, S. 215 ff).

Die Folge der Tertiärisierung ist eine Umstrukturierung der industriellen Arbeitsplätze, was wiederum räumliche Wirkungen nach sich zieht. Rückläufige Flächengrößen und die zunehmend geforderte Flexibilität der Gebäude sowie nicht zuletzt eine angemessene Attraktivität des Arbeitsplatzes müssen in der Standortplanung berücksichtigt werden (Maier, J./Beck, R. 2000, S. 49).

3 Ursachen und Ablauf des Strukturwandels im Ruhrgebiet

3.1 Das Ruhrgebiet – Lage und Abgrenzung

Noch immer ist das Ruhrgebiet der größte industrielle Ballungsraum Europas. Diese Verdichtung auf der Basis reicher Steinkohlenvorkommen steht als Synonym für Industriegebiet schlechthin. Die Wirtschaftsregion entstand mit Beginn der industriellen Revolution in Deutschland und konstituierte sich als Bergbaurevier, d.h. als eine Wirtschaftsregion mit spezifischen Standortfaktoren, nicht jedoch als naturräumliche, Kultur- oder Verwaltungseinheit. Umfang und Abgrenzung waren immer strittig, da seine Grenzen die Folge einer industriellen Entwicklung waren, die im zeitlichen Ablauf sehr unterschiedliche geographische Kerne aufwies. Da der Bergbau und der mit ihm verknüpfte Ausbau der eisenschaffenden Schwerindustrien seit mehr als einem Jahrhundert vom Süden, vom Ruhrtal, nach Norden gewandert ist, war das Ruhrgebiet als Wirtschaftsraum zu verschiedenen Zeitpunkten von unterschiedlicher Größe (Petzina, D. 1993, S. 248).

Gemäß der Abgrenzung des Kommunalverbandes Ruhrgebiet (KVR) erstreckt sich die Region vom Kreis Wesel westlich des Rheins bis Hamm im Osten und umfasst 11 kreisfreie Städte und 4 Landkreise mit 42 Gemeinden. Auf der Ebene der Bezirksregierungen erfolgen politische und planerische Entscheidungen und Verwaltungsakte außerhalb des Reviers, da das Ruhrgebiet auf die Regierungsbezirke Arnsberg, Münster und Düsseldorf aufgeteilt wurde.

Das Ruhrgebiet mit seinen mehr als 5 Mio. Einwohnern gehört zu den montanindustriell geprägten altindustrialisierten Räumen, die die Fähigkeiten zur ökonomischen Regeneration nicht ausreichend entwickeln konnten; ein positiver Verlauf des Strukturwandels ist nicht umfassend gelungen (Schrader, M. 1998, S. 436).

Für die Entwicklung dieser Region ist die industrielle Massenfertigung, wie sie Henry Ford für die US-amerikanische Automobilproduktion perfektionierte (daher der Name Fordismus) und ihre gegenwärtige Ablösung von entscheidender Bedeutung.

3.2   Die präfordistische Phase

Noch in der ersten Hälfte des 19. Jahrhunderts war die Region zwischen Ruhr und Lippe, Duisburg und Hamm kleingewerblich-agrarisch geprägt. Die Zentren wirtschaftlicher Aktivität, etwa im Bereich des Textilgewerbes, in der Eisenherstellung und der Metallerzeugnisse, befanden sich im linksrheinischen Gebiet, südlich des heutigen Ruhrgebietes, im Tal der Wupper sowie im Märkischen Sauerland. Die größte Stadt in den Grenzen des späteren Siedlungsverbandes war 1816 Wesel mit etwa 10000 Einwohnern, während die späteren schwerindustriellen Metropolen Essen, Dortmund oder Bochum nur 3000 bis 5000 Einwohner zählten (Petzina, D. 1993, S. 249).

Der entscheidende Standortfaktor für die Herausbildung des Industriezentrums war der Reichtum an Steinkohle. Die Industrialisierung in Deutschland bedeutete für den Bergbau an der Ruhr eine rasche Expansion der Nachfrage nach Kohle für die Gewinnung von Eisen und Stahl (Beschreibung des Herstellungsprozesses im Anhang S. 21). Der Zeitraum zwischen 1840 und 1870 erbrachte den entscheidenden Aufstieg der Förderung und die Herausbildung immer größerer Zechenunternehmen. Der hohe Kapitalbedarf führte schon bald zur Dominanz nur weniger Großunternehmen, geleitet von den Zechen- und Stahl-„Baronen" mit guten Beziehungen zu privaten und staatlichen Kapitalgebern (Butzin, B. 1993, S. 5).

Die ruhrgebietstypischen Formen der Unternehmensentscheidungen, der Kommunikation zwischen Wirtschaft und Staat bildeten sich in dieser Periode heraus. Das Selbstverständnis der Ruhrindustriellen war geprägt vom Bewusstsein der nationalen Sonderrolle, die die Grundstoffindustrie für die Fertigungsindustrie besaß. Durch staatliche Verordnung wurde die Interessenorganisation des Ruhrbergbaus („Verein für die Bergbaulichen Interessen im Oberbergamtsbezirk Dortmund") in den Rang einer quasi öffentlich-rechtlichen Standesorganisation erhoben. Es war ein regionales Kartell entstanden, welches sich nicht nur staatlicher Förderung erfreute, sondern die Art und Weise wirtschaftlicher Entscheidungsprozesse und das Zusammenspiel mit politischen Instanzen prägte. In diesem verbundwirtschaftlichen Produktionssystem verfestigte sich langfristig eine Kartellmentalität, die eine angemessene Reaktion auf gesamtwirtschaftliche Veränderungen erschweren sollte (Petzina, D. 1993, S. 252).

Zu den Strukturelementen, die bereits in der frühen Entwicklungsphase entstanden und in ihren Auswirkungen heute zum Teil negative Effekte und Probleme bewirken, gehört die Entwicklung einer ungeordneten und ungeplanten Siedlungsstruktur (besonders in der Emscherzone) mit erheblichen Mängeln in der Infrastruktur, deren Bereitstellung sich auf die für die Wirtschaft unbedingt notwendigen Einrichtungen konzentrierte. Die Expansion des Bergbaus und der mit ihm verflochtenen Industrien steuerte die Zuwanderung und räumliche Verteilung der Bevölkerung, die unter Einbeziehung vorhandener Siedlungskerne zu der für das Revier so typischen vielkernigen Siedlungsstruktur mit enger räumlicher Verzahnung von Wohnsiedlungen, Industrie- und Freiflächen führte (Hommel, M. 1988, S. 14).

3.3 Die fordistische Phase

Zwei Tendenzen charakterisierten die Entwicklung des Ruhrgebiets nach dem Ersten Weltkrieg: zum einen die Zusammenfassung der Betriebe in noch größere Unternehmenseinheiten, zum anderen die Maschinisierung und Rationalisierung, die zwischen 1924 und der Weltwirtschaftskrise zu erheblichen Produktivitätssteigerungen führten. Der Anteil der Bergbau-Kartelle am Produktionswert belief sich 1925/28 auf 80%. Ähnliches galt für den Bereich der Eisen- und Stahlerzeugung, so dass die Schwerindustrie national als die am stärksten kartellierte Branche galt (Petzina, D. 1993, S. 255).

Der Prozess der Rationalisierung begann durch die Mitte der 1920er Jahre einsetzende Orientierung an US-amerikanischen Produktionsmethoden. Henry Ford hatte in den USA die Fliessbandfertigung seiner Automobile entwickelt, die in Europa Vorbild für die Großunternehmen und Massenfertigung wurde.
Der Begriff des Fordismus bezeichnet ein System der Massenproduktion und des Massenkonsums, das im Bereich der Produktion durch die konsequente und systematische Nutzung der entstehenden Kostenvorteile (economies of scale) gekennzeichnet ist (Stettberger, M. 1997, S. 26).
Weitere Merkmale sind:
- Mechanisierung des Produktionsprozesses
- hohe Fertigungstiefe

- geringe Produktdifferenzierung
- große Lagerbestände
- Zerlegung der Arbeit in kleinste Schritte (Taylorisierung)
- geringe Anforderung an die Qualifikation der Arbeitskräfte
- Konzentration der Arbeit und Fertigung auf Ballungskerne
- hierarchische Organisationsstrukturen
- zentrales Management, Großverwaltungen
- Zentralisierung der Infrastruktur: Energieversorgung, Krankenhäuser, Schulen

(Maier, J./Beck, R. 2000, S. 14/15)

Die raumwirtschaftlichen Folgen waren u.a. ein regionaler Konzentrationsprozess durch große Fabrikkomplexe in oder am Rand von großen Städten (Schätzl, L. 2001, S. 223):

Die aus dieser Produktions- und Arbeitsorganisation resultierenden Steigerungen der Produktivität und der Absatzeinbruch in der Weltwirtschaftskrise führten zu einem dramatischen Beschäftigungsabbau im Ruhrgebiet. Die Zahl der Beschäftigten sank vom Höchststand 1922 (545.000) bis 1929 um annähernd 200.000 und verringerte sich nach 1930 noch einmal drastisch um 160.000 (Petzina, D. 1993, S. 256).

Die Folgen der Rüstungspolitik in der Zeit des Nationalsozialismus waren für das Ruhrgebiet einschneidend. Sie zeigten sich in folgenden Merkmalen:
- Expansion der traditionellen Schlüsselbranchen
- Erschließung neuer Anwendungsfelder im Bereich der Kohlechemie
- Verfestigung der Konzern- und Syndikatsstrukturen
- Intensivierung staatlicher Eingriffe in die wirtschaftlichen und sozialen Abläufe des Reviers

Das Ruhrgebiet war trotz seines hohen Industriebesatzes eine bis Ende des Zweiten Weltkrieges sozial besonders belastete Region mit erheblichen Defiziten im Bereich der sozialen Infrastruktur. Die Probleme bündelten sich in der Dauerkrise der kommunalen Finanzen, die auch in der Hochkonjunktur der 1930er Jahre ungelöst blieb. Eine über die bloße Verfestigung der traditionellen Industrie- und Sozialstruktur hinausreichende Wirtschafts- und Strukturpolitik hat es nicht gegeben (Petzina, D. 1993, S. 258).

Nach dem Zweiten Weltkrieg erzwang die wirtschaftliche Situation Deutschlands den raschen Wiederaufbau der zerstörten und demontierten Montanindustrie und führte damit zu einer Wiederbelebung der Vorkriegsstrukturen. Der Wiederaufbau ließ die Beschäftigungskrisen in den Montanrevieren vergessen; Arbeitskräfte waren wieder zur knappen Ressource geworden, die Gewerkschaften gewannen wieder an Gewicht und konnten vieler ihrer Ansprüche durchsetzen. Die wirtschaftliche Macht der Montankonzerne nahm zu, die regionale Wirtschaftsstruktur richtete sich ebenso nach ihren Belangen wie der Wiederaufbau der Infrastruktur (Butzin, B. 1993, S. 5).

In der Kohle- und Stahlkrise Ende der 1950er und 1960er Jahre waren die regionalen Akteure dem bewährten fordistischen Wachstumsdenken verhaftet, in dem die Krise lediglich als konjunktureller Einbruch , nicht aber als struktureller Umbruch erachtet wurde. Es war die Zeit der zentralstaatlichen Erneuerungssstrategien, wobei Instrumente wie hohe Subventionsleistungen und Modernisierung der Infrastruktur (z.B. Großwohnsiedlungen, Autobahnen) dominierten.

Die Stahlkrise seit 1975 machte deutlich, dass die Fähigkeit zum aktiven Strukturwandel nicht ausreichend vorhanden war; Arbeitgeber, Arbeitnehmer und Politik hatten ein gemeinsames Ziel: erhalten statt erneuern. Zwar konnte der Beschäftigungsabbau vergleichsweise sozialverträglich gestaltet werden, die Subventionen vermochten aber weder die Montanindustrie wesentlich zu stärken noch der Region zum strukturellen Umbau zu verhelfen (Butzin, B. 1993, S. 8).

3.4 Ursachen des Strukturwandels

Als Gründe für den Strukturwandel sind zu nennen:
- verschärfter globaler Wettbewerb: Einbindung des Ruhrgebiets in den Weltmarkt, d.h. Konkurrenz durch billigere Importkohle (USA, Südafrika), Stahl aus Fernost (Japan, Südkorea) und aus Schwellenländern (Brasilien, Indien)
- Produktivitätsrückstand aufgrund fehlender Optimierung der Produktionsprozesse, hoher Fertigungstiefe und fehlender Auslagerung von Fertigungslinien
- Nachfrageänderung bei Massengütern: Substitution der Steinkohle durch Erdöl (geringerer Preis, bessere Transport- und Lagermöglichkeit)

- Absatzrückgang der Steinkohle wegen neuerer kokssparender Technologien bei der Stahlerzeugung
- Substitution von Stahl durch Kunststoffe und Keramik
- Wettbewerbsverzerrungen durch staatliche Subventionen

(Michel, E. 1991, S. 2/3)

Die internationale Arbeitsteilung, u.a. beeinflusst durch EU-Integration, Ostöffnung und das erfolgreiche Eingreifen südostasiatischer und südamerikanischer Schwellenländer erfordern von Wirtschaftsakteuren flexible Anpassungsmaßnahmen. Das gilt insbesondere auch für die notwendige Reaktion auf die Wandlungen der privaten und staatlichen Nachfrage, die sich heute stärker auf technologisch höherwertige Güter konzentriert, die von den traditionellen Branchen des Ruhrgebietes noch nicht ausreichend angeboten werden (Schrader, M. 1998, S. 448).

Die im wesentlichen regionsextern entschiedenen Höhen der Lohn- und Lohnnebenkosten, der Energiepreise und der Umweltstandards bewirken internationale Wettbewerbsnachteile für das Ruhrgebiet. Arbeitskostenunterschiede übersteigen die Unterschiede der Arbeitsproduktivität, d.h., die hohen Kosten werden nicht mehr durch eine überragende Qualität der Produkte überkompensiert. Viele Unternehmen der Schwellenländer produzieren heute schneller, kostengünstiger und zum Teil auch mit weniger Fehlern als Unternehmen im Ruhrgebiet. Dadurch geraten Hersteller rohstoff- und energieintensiver Produkte und von Investitions- und Konsumgütern mit hohen Lohnkosten und Hersteller traditioneller Produkte mit geringen Aufwendungen für Forschung und Entwicklung in Schwierigkeiten.
Diese regionsexternen Faktoren sind von den Akteuren kaum unmittelbar zu beeinflussen, auf deren Folgen müssen sie aber sehr wohl wegen der oft großen Betroffenheit angemessen reagieren (Schrader, M. 1998. S. 449).

3.5 Die Übergangsphase vom Fordismus zum Postfordismus
3.5.1 Die Krise des Fordismus – Postfordismus als Organisationsmuster industrieller Arbeit

Der Diskussion über die Krise des Fordismus, deren Beginn spätestens mit der

Ölkrise von 1973 datiert wird, ist die Argumentation gemeinsam, dass die Probleme der fordistischen Industrialisierung auf der sinkenden Wirkung von Skaleneffekten beruhte. Als Folge einer Überproduktion bzw. Unterkonsumtion entwickelte sich die Kapitalrendite rückläufig (Maier, J./Beck, R. 2000, S. 12).

Für weite Teile der Industrie waren eine Erschöpfung der Produktivitätsreserven und eine zunehmende Inkompatibilität der starren, auf Skaleneffekte ausgerichteten Massenproduktion mit einer jetzt stärker individualisierten Nachfrage festzustellen. Angesichts dieser Entwicklungen haben die Bildung von Oligopolen durch Fusionen großer Konzerne und die Internationalisierung von Unternehmen und Märkten das Ziel, den Prozess der postfordistischen Restrukturierung und damit die Auflösung fordistischer Strukturen zu verzögern (Stettberger, M. 1997. S. 27).

Sich schnell wandelnde Kundenwünsche, wachsende Konsumentensouveränität, steigende Produktvielfalt und immer kürzere Produktlebenszyklen führen zu einer Schwerpunktverschiebung von der Massenproduktion zu einer flexiblen Produktion und Spezialisierung (Schätzl, L. 2001, S. 223).

Weitere charakteristische Merkmale des Postfordismus sind:
- Flexibilisierung der Arbeitsorganisation: Gruppenarbeit, Integration von Fertigung, Qualitätskontrolle, Wartung und Reparatur
- steigende Anforderungen an die Qualifikation der Arbeitskräfte
- Abbau von Hierarchieebenen
- flexible, programmierbare Mehrzweckmaschinen, relativ schnelle und kostengünstige Umstellung auf neue Produkte
- geringe Fertigungstiefe und Lagerhaltung
- Ausbildung von Netzwerken kleiner und mittlerer Produktionsstätten
- Errichtung strategischer Allianzen
- Ausweitung der Forschungs- und Technologiepolitik

(Gaebe, W. 1998, S. 115)

Das Prinzip der Rationalisierung wird in der postfordistischen Phase durch die Optimierung der Produktionsprozesse ersetzt. Bislang getrennte Funktionen wie Produktentwicklung, Produktion und Marketing werden mittels konsequenten EDV-Einsatzes miteinander verzahnt. Die Flexibilisierung der Arbeit wirkt sich in Effizienzsteigerungen und Zeiteinsparungen infolge der Reduzierung von

Schnittstellen zwischen den Arbeitsschritten aus. Die Unternehmen streben „economies of scope" an, das sind Kostenvorteile, die sich durch diese Flexibilisierung ergeben (Schätzl, W. 2001, S. 223).

Weiteres Kennzeichen des Postfordismus sind die Veränderungen der sozialen Formen industrieller Arbeit: individuelle und kollektive Fähigkeiten gewinnen an Bedeutung, zuvor hierarchische Entscheidungsstrukturen und Kompetenzverteilungen werden dezentralisiert. Tarifliche Entlohnung wird durch außertarifliche, leistungsbezogene Modelle ersetzt, die Anteile gewerkschaftlich organisierter Beschäftigter sinkt ebenso wie die Bedeutung der Gewerkschaften (Stettberger, M. 1997, S. 29).

Die raumwirtschaftlichen Folgen der Paradigmenwechsel zur flexiblen Produktion und zur Wissensgesellschaft werden in den Regionalwissenschaften kontrovers diskutiert; vereinfacht läßt sich eine „Globalisierungsthese" und ein „Regionalthese" unterscheiden.

Die Globalisierungsthese stellt die Bedeutung moderner Informations- und Kommunikations-technologien (IuK) in den Mittelpunkt der Betrachtung. Diese Technologien beschleunigen nicht nur die Verlagerung der Produktion reifer Produkte in Regionen und Länder mit niedrigeren Fertigungskosten, sondern ermöglichen auch eine räumliche Trennung von Fertigung und Dienstleistungen. Vor allem multinationale Großunternehmen betreiben ein System von Zweigwerken, Verkaufs- und Serviceniederlassungen, die über Datenverbundsysteme mit der Hauptverwaltung vernetzt sind (Schätzl, L. 2001, S. 226).

Nach der Regionalisierungsthese benötigt eine flexible Produktion die räumliche Nähe von Fertigung, betriebsinternen und -externen Dienstleistungen und Zulieferbetrieben. Produkte mit einem hohen Technik- und Dienstleistungsanteil erfordern

- betriebsintern einen kontinuierlichen, persönlichen Informations- und Erfahrungs-austausch zwischen Fertigung, Forschung und Entwicklung, Marketing, Finanzierung,

- eine enge Kooperation von Facharbeitern und Ingenieuren „vor Ort" sowie betriebsextern Zugang zu neuestem technischen Wissen der staatlichen und privaten Forschungsein-richtungen,
- wechselseitge Erreichbarkeit von Produzenten und unternehmensorientierten Dienst-leistern („face-to-face"-Kontake),
- eine intensive regionale Verflechtung zwischen Produktionsbetrieben und der Zuliefer-industie („just-in-time"-Anlieferung).

Nach heute vorherrschender Meinung sind Globalisierung und Regionalisierung zwei Seiten derselben Medaille. In globalen Netzwerken entstehen durch räumliche Agglomeration von Innovationsakteuren regionale Kompetenzzentren, die in einem globalen Qualitäts-wettbewerb stehen (Schätzl, L. 2001, S. 228).

Es wäre verfrüht, von der Krise des Fordismus auf eine vollständige Ausmusterung fordistischer Elemente zu schließen. Postfordistische Elemente setzen sich zwar immer mehr durch, doch lassen diese die Annahme einer ausschließlich postfordistischen Restrukturierung nicht begründet erscheinen (Maier, J./Beck, R. 2000, S. 13).
Vier sich einander überlagernde Hauptprozesse kennzeichnen im Ruhrgebiet den Übergang vom Fordismus zum Postfordismus: die Deindustrialisierung, Reindustrialisierung, Tertiärisierung und Neoindustrialisierung.

3.5.2   Der Prozess der Deindustrialisierung

Ehemals bedeutende Zentren industrieller Produktion, wirtschaftlichen Wachstums und relativ stabiler Beschäftigung sind heute von Desinvestition und industriellem Niedergang bestimmt. Die betroffenen Städte sind mit sinkenden Bevölkerungszahlen, brachliegenden Industrieflächen und einer verschärften kommunalen Finanznot konfrontiert (Krätke, S. 1995, S. 16).
Gesättigte Märkte und Produktionsverlagerungen in andere Wirtschaftsräume („nasse Hütten") verursachten eine Deindustrialisierung im Ruhrgebiet. Im Jahr 1991 stellte der Montansektor nur noch 14% aller Arbeitsplätze und 33% der industriellen Arbeitsplätze und war nur noch zu 16% an der Wertschöpfung im gesamten

Ruhrgebiet   beteiligt
(Maier, J./Beck, R. 2000, S. 53).

Dass diese Veränderungen noch nicht zum Abschluss gekommen sind, zeigen die immer noch signifikant über dem Bundes- und Landesdurchschnitt liegenden Arbeitslosenquoten, die hohen Sozialausgaben der Ruhrgebietskommunen und die Prognosen der zukünftigen Arbeitsmarktentwicklung. In der Zeit von 1976 bis 1994 lag die Arbeitslosenquote im Ruhrgebiet zwischen 5% und 15%, die Zahl der Beschäftigten im Steinkohlebergbau verringerte sich binnen 40 Jahren von 450.000 auf unter 80.000 mit weiter fallender Tendenz (Friedrich-Ebert-Stiftung 2000, S. 12).

Auch die Stahlindustrie war von der Deindustrialisierung betroffen: Im Vergleich zu der nur geringfügig abnehmenden Stahlproduktion zwischen 1975 und 1992 (39±5 Mio. t) wurde im Zuge des verschärften Rationalisierungsdrucks mehr als die Hälfte aller Arbeitsplätze abgebaut, der Rückgang belief sich bis 1999 auf etwa 70.000. Die Folgen sind dauerhaft hohe Arbeitslosigkeit und eine soziale Polarisation, die als „Zweidrittelgesellschaft" für den Postfordismus typisch erachtet wird.

Als Beispiel sei hier die Stadt Essen erwähnt, die mit über 10% Sozialhilfeempfängern die höchsten Lasten an Sozialhilfe im Revier zu tragen hat. Berücksichtigt man die von den Empfängern abhängigen Personen und diejenigen, die arbeiten wollen, aber nicht als Arbeitslose gemeldet sind, dann summiert sich die Zahl der aus der Arbeitsgesellschaft ausgeschlossenen Erwerbspersonen auf etwa 20 % (Butzin, B. 1993, S. 9).

3.5.3   Der Prozess der Reindustrialisierung

In den 1960er Jahren begann der Prozess der Modernisierung und Diversifizierung der Unternehmen des Montansektors. In einer ersten Phase wurde auf drei Wegen versucht, die Krise zu lösen: Förderung von Industrien, die bereits vor der Blüte im Montanbereich vorhanden waren und davon unabhängig sich weiterentwickelten (Textilindustrie, Nahrungsmittelindustrie, regional bedeutsame Industrien), zum anderen durch eine Weiterentwicklung in den Folgeindustrien von Kohle einerseits (Verarbeitung der so genannten Kohlewertstoffe Teer, Benzol, Gas) und Stahl andererseits (Anlagen- und Maschinenbau), zum dritten durch die Ansiedlung bisher ruhrgebietsfremder Industrien vor allem der Elektrotechnik, des Fahrzeugbaus (Opel Bochum) und der Kunststoffindustrie (Michel, E. 1991, S. 3).

In einer zweiten Phase ab 1970 begannen die traditionellen Ruhrkonzerne (Thyssen, Krupp, Mannesmann, Hoesch etc.) sich in ihrer Produktstruktur mehr zu Technologiekonzernen zu wandeln, allerdings mit dem Nachteil, dass ein Teil der unternehmerischen Aktivitäten und d.h. auch der Arbeitsplätze in Regionen außerhalb des Ruhrgebiets verlagert wurden. Zwischen 1968 und 1990 entsprechen z.B. die regionalen Umsatzeinbußen des Hoeschkonzerns (fast ausschließlich im Stahlgeschäft) recht genau der Zunahme der Auslandsumsätze (fast ausschließlich in modernen Branchen). Eine Entkoppelung von Konzern- und Regionalwachstum ist unübersehbar (Butzin, B. 1993, S. 10).

Die 3. Phase ab 1980 brachte den Einzug der neuen Technologien, d.h. der Mikroelektronik, der Mess- und Regeltechnik, der Verfahrenstechnik (Roboter/Automatisierung), der Energietechnik und der Umwelttechnik. Mit diesen Entwicklungen verbunden ist nicht nur eine radikale Wandlung in der Produktpalette, sondern auch eine grundlegende Veränderung der Industriephysiognomie und der Betriebsorganisation: Mit den wenig flexiblen Großkonzernen allein war der Strukturwandel nicht zu schaffen.

Die Wirtschaftsförderung im Ruhrgebiet setzte verstärkt auf die Mittel- und Kleinbetriebe, weil sie sich schneller und besser veränderten Marktbedingungen anpassen können, d.h. wesentlich weniger anfällig in Krisenzeiten sind. Die tragenden Säulen des Strukturwandels sind die Mittel- und Kleinbetriebe, die sich auf den Brachflächen der Montanindustrie oder in den Technologie- und Gründerzentren ansiedeln (s.a. Kap. 3.5.5) (Michel, E. 1991. S. 4).

Durch den Strukturwandel im Revier wurden mehr als 6.000 ha Gewerbe,- Industrie- und Verkehrsflächen nicht mehr genutzt. Der Grundsatz „Brache vor Freiraum", d.h. Verdichtung statt Zersiedelung ist erklärtes Ziel des Landes Nordrhein-Westfalen, doch bei der Reaktivierung und Wiedernutzung der Brachflächen entstehen erhebliche Probleme u.a. wegen Kontaminierung, Größe, Zuschnitt und Verkehrslage. Die Möglichkeit, potentiellen Investoren auch große Flächen anzubieten, hat sich seit einigen Jahren deutlich gebessert, seitdem die

Montanindustrie ihre Blockadehaltung (u.a. wegen Regressansprüchen, hoher Aufbereitungskosten und Vorrats- und Spekulationsüberlegungen) verringert hat. So stellte z.B. die Ruhrkohle AG seit 1960 über 3.000 ha Altflächen zur Wiedernutzung zur Verfügung. Der Grundstücksfonds Nordrhein-Westfalen beteiligt sich an der kostenintensive Aufgabe, große Industrie-, Zechen-, Gewerbe- oder Verkehrsbrachen zu erwerben, aufzubereiten, ggf. von Altlasten zu befreien und in Abstimmung mit den Kommunen neuen Nutzungen zuzuführen (Schrader, M. 1998, S. 449).

3.5.4   Die Tertiärisierung als weiterer Schlüsselprozess

Alle hochentwickelten Volkswirtschaften bewegen sich infolge vestärkter Automatisierung der Produktionsprozesse hin zu postindustriellen Dienstleistungsgesellschaften. Auch der Strukturwandel im Ruhrgebiet spiegelt sich in der Verlagerung der Beschäftigten vom Sekundären hin zum Tertiären Sektor wider. Zwar ist das Revier nach wie vor das Zentrum der Montanindustrie innerhalb Europas, jedoch ist die Ruhrwirtschaft nicht mehr einseitig auf die Montansektoren ausgerichtet.

In den 1980er Jahren hat sich die Verschiebung der Erwerbstätigenanteile zwischen den Sektoren schrittweise fortgesetzt: Waren 1981 mit rd. 1,1 Mio. Personen noch 51% aller Erwerbstätigen im Produzierenden Gewerbe tätig, sind es zehn Jahre später nur noch rund 950.000 bzw. 44%. Umgekehrt stiegen Zahl und Anteil der im Dienstleistungsbereich Erwerbstätigen im selben Zeitraum von 980.000 bzw. 47% auf etwa 1,2 Mio. bzw. 55% an (Maier, J./Beck, R. 2000, S.56).
Die Arbeitsplatzgewinne im Tertiären Sektor wurden im hohen Maße vom Handel und anderen konsumnahen Dienstleistungen erzielt. So findet man im Ruhrgebiet eine bedeutende räumliche Konzentration großer Einkaufszentren vor (z.B. das größte europäische Einkaufszentrum CentrO in Oberhausen). Neun der 20 umsatzstärksten deutschen Handelsunternehmen haben ihren Sitz im Ruhrgebiet (Aldi, Tengelmann, Karstadt u.a.) und in den Städten der Hellwegzone (Name der alten Handelsstraße zwischen Essen und Dortmund) sind um die 20% der Beschäftigten im Handel tätig (Michel, E. 1991, S.4).

Allerdings besteht immer noch ein Defizit in den für den Strukturwandel bedeutsamen höherwertigen produktionsorientierten Dienstleistungen wie Unternehmensmanagement, Marketing, Controlling, Information und Kommunikation sowie Forschung und Entwicklung. Zwar hat sich die Beschäftigtenzahl in diesem Bereich - sei es innerhalb der produzierenden Unternehmen oder in selbständigen Dienstleistungsunternehmen - auch im Ruhrgebiet deutlich erhöht, jedoch blieb die Zunahme um fast ein Drittel niedriger als im Bundesgebiet (Butzin, B. 1990, S. 212).

Als Erklärung für das unterschiedliche Wachstum wird auf die Vernetzung der Dienstleistungen mit dem Produzierenden Gewerbe hingewiesen; es gelang dem Dienstleistungsbereich nicht, sich von der Entwicklungsdynamik des industriellen Bereichs abzukoppeln. Wichtig ist die Erkenntnis, dass Dienstleistungen allein keine sichere Zukunftsperspektive bieten. Die Erneuerungstendenzen sind zwar außerordentlich vielfältig angelegt, schlagen jedoch quantitativ nicht in dem Maße zu Buche, wie es von vielen gewünscht wurde, denn die montanindustriellen Verluste konnten bei weitem nicht aufgefangen werden. Dienstleistungen brauchen Anwendungsfelder und die liegen in der Industrie. „Ohne Blaumänner sind auch weiße Kittel nutzlos." (Gramke, J. 1995, S. 21).

Die Tertiärisierung führt dazu, dass die Kernstädte des mittleren Ruhrgebiets (z.B. Essen, Dortmund) zwar industrielle Arbeitsplätze verlieren, jedoch im Dienstleistungssektor hinzugewinnen. Dieser Prozess birgt eine deutliche qualitative Aufwertung der Oberzentren in sich. Trotz gewisser Zuwächse in den Randzonen sind sie es, die die wirtschaftsnahen Dienstleistungen wie Finanz- und Kreditwesen, Forschung und Entwicklung, Unternehmens- und Rechtsberatung an sich binden, nachdem sie sich der Arbeitsplätze traditioneller und tendenziell schrumpfender Krisenbranchen entledigt haben (Butzin. B. 1990, S. 212).

3.5.5 Der entscheidende Prozess: die Neoindustrialisierung

Schlüsselfaktoren dieses Prozesses sind die unternehmensorientierten Dienstleistungen, die eine regional-funktionale Ergänzung mit der Rheinschiene erkennen lassen. Besonders auffällig sind die Ruhrgebietsstärken im Bereich Architektur-, Ingenieur- und Laborwesen, und in Standarddiensten (Immobilien/Vermögen, Leiharbeit, Vermietungswesen).

Die Betrachtung der für die Wandlungsfähigkeit der Region entscheidenden höherwertigen Dienstleistungen, also Forschung und Entwicklung (FuE), Organisation und Management (OuM) sowie Information und Kommunikation (IuK) fällt ernüchternd aus: Im Vergleich mit anderen Wirtschaftsregionen der alten Bundesländer rangiert das Ruhrgebiet in seiner Wachstumsdynamik an letzter Stelle aller Verdichtungsräume. Zu beobachten ist ein klassisches Muster der Dezentralisierung in die nordrhein-westfälische Peripherie und in die neue, grenzüberschreitend kooperierende Aufsteigerregion Aachen. Im Ergebnis hat sich ein Abkopplungsprozess der FuE-, stärker noch der OuM- sowie IuK-Entwicklung eingestellt. (Butzin, B. 1993, S. 11).

Als weitere wichtige Voraussetzung einer zukunftstragenden Regional- und Wirtschaftsentwicklung wird zunehmend auf die Schlüsselrolle sog. „kreativer" oder „innovativer Milieus" hingewiesen. Im Ruhrgebiet bekommen hierbei folgende Faktoren eine besondere Bedeutung.

Der Faktor Bildung/Qualifikation zeichnet sich durch sehr gute Angebote, aber geringe Nachfrage der regionalen Unternehmen aus. Die Angebote der Forschungs- und Bildungsinfrastruktur sind mit sechs Hoch- und acht Fachhochschulen sowie je zwei Max-Planck- und Fraunhofer-Instituten ausgezeichnet. Die Studentendichte liegt über dem Mittel anderer deutscher Verdichtungsräume. Entsprechend gut ist das Angebot an hochqualifizierten Arbeitskräften. Aber die Nachfrage der Arbeitgeber hat nicht Schritt halten können. Beispielsweise werden viel mehr Informatiker im Ruhrgebiet ausgebildet, als der regionale Arbeitsmarkt aufnehmen kann, „Brain-Drain" ist die Folge (Butzin, B. 1993. S. 12)

Häufig in der Nähe der Universitäten und Fachhochschulen haben sich Technologie- und Gründerzentren etabliert. Sie spielen eine besondere Rolle bei der Bewältigung des Strukturwandels, da sie sich der Förderung und Pflege von Unternehmensneugründungen im Bereich zukunftsfähiger Schlüsseltechnologien annehmen

Die Technologie- und Gründerzentren (TGZ) gelten als Beispiel für eine konstruktive Zusammenarbeit von öffentlichen Institutionen und privaten Akteuren im Bereich der

Technologiepolitik. Dieses im Ruhrgebiet inzwischen an 13 Standorten eingesetzte Instrument zur innovationsorientierten Erneuerung der lokalen und regionalen Wirtschaft bietet jungen Unternehmen eine zeitlich begrenzte Möglichkeit, innovative Ideen bis zur Marktreife zu entwickeln und dabei Synergieeffekte zu nutzen. (Schrader, M. 1998. S. 456).

Hilfestellungen beschränken sich allerdings nicht auf Neugründungen, denn in der Mehrzahl gilt es natürlich, bestehende Unternehmen zukunftsfähig zu machen. Zu diesem Zweck hat das Land Nordrhein-Westfalen ein Zentrum für Innovation und Technik (ZENIT) gegründet, um kleineren und mittleren Unternehmen (KMU) den Zugang zu modernen Strukturen und zu innovativer Technik zu erleichtern. Neben intensiver Beratungstätigkeit unterstützt und verwaltet ZENIT auch einige NRW-Förderprogramme wie z.B. das Programm zur finanziellen Absicherung von Unternehmensneugründungen aus der Hochschule, mit dem der Einsatz von Hochschulabgängern auch in KMU erhöht werden soll (Friedrich-Ebert-Stiftung, 2000, S. 16).

Allerdings können die TGZ die Erwartungen hinsichtlich des Arbeitslosenproblems oft nicht erfüllen; die in diesem Bereich eingesetzten Mittel zur Strukturveränderung und Erneuerung tragen nur bedingt dazu bei, den Trend der Negativentwicklung durch den Strukturwandel umzukehren (Schrader, M. 1998, S. 456).

Hinsichtlich des Faktors der innerregionalen Kooperations- und Kommunikationskompetenz bestehen gute institutionelle Voraussetzungen. Hier eröffnen sich Chancen durch die sechs Regionalkonferenzen, die als Zusammenschluss benachbarter Städte und Kreise gemeinsame Entwicklungskonzepte zu erarbeiten und umzusetzen haben.
Neben dem Kommunalverband Ruhrgebiet (KVR) agieren im Revier der Verein „pro Ruhrgebiet" und der Initiativkreis Ruhrgebiet, die sich seit Jahren permanent, nachhaltig und aktiv für einen erfolgreichen Strukturwandel und ein besseres Image einsetzen. Im Initiativkreis geben deutsche und europäische Unternehmen durch zusätzliche Investitionen, durch Finanzierung und Realisierung von Veranstaltungen und durch Öffentlichkeitsarbeit wichtige Impulse. Auf der Habenseite steht auch die Internationale Bauausstellung Emscher Park, die mit dem KVR 1990 konzipiert

wurde und innerhalb von 10 Jahren über 100 Projekte hervorbrachte (Gramke, J. 1995, S. 22).

Mit Blick auf die Kooperationsfähigkeit sind jedoch Hindernisse zu überwinden. Noch dominieren seitens der Kommunen unzureichende Akzeptanz, altes Konkurrenzdenken, Abwerben von Betrieben und mentale Absetzbewegungen. Wo immer möglich versuchen z.B. die Flügelstädte Duisburg und Dortmund das Problem des Ruhrgebietsimages durch eine Vogel-Strauß-Politik zu lösen: Man erklärt sich als nicht zugehörig (Butzin, B. 1993, S. 12).

Der Faktor der überregionalen und internationalen Netzwerkkompetenz ist schwach ausgeprägt und wird als innovationsförderndes Strategieelement noch nicht ausreichend berücksichtigt. Es gibt zwar erste Kooperationen auf der Ebene der europäischen Kommunalverbände - im KVR wurde ein Europabüro eingerichtet - Erfolge sind aber noch nicht nachweisbar (Butzin, B. 1993, S. 12).
Hingegen hat der Faktor Kultur in den letzten Jahren einen enormen Aufschwung erlebt. Das Breitenangebot an Kultureinrichtungen und -veranstaltungen liegt weit über den Standards vieler europäischer Vergleichsregionen. Ergänzungsangebote in der Spitzenkultur werden durch Aktivitäten des Initiativkreises Ruhrgebiet gefördert. 53 Städte leisten sich - in nirgendwo erreichter Dichte – über 130 Museen, sechs repräsentative Sprechbühnen, vier Opern-Ensembles und 15 große Orchester. Daneben bevölkern rund 120 freie Gruppen, Musik-Emsembles und Privattheater eine unüberschaubare Szene des Vergnügens und der Experimente. Im Ruhrgebiet ereignet sich Kultur zunehmend in einstigen Kesselhäusern, Turbinenhallen, Umspannwerken und Kokereien, auf Halden oder Speichern (Nemeczek, A. 2001, S. 66).

Die Voraussetzungen für den Strukturwandel sind trotz des Desindustrialisierungsschubs und trotz noch nicht abgeschlossener Modernisierung bzw. Reindustrialisierung der Traditionskonzerne noch als gut zu bezeichnen. Der Bestand an Faktoren für die Neo-industrialisierung und damit für die gesamte Regionalentwicklung erscheint im Vergleich mit anderen altindustrialisierten Regionen trotz schwacher Entwicklungsdynamik und mancher innerregionaler

Akzeptanzprobleme ausreichend zu sein. Sollten die wirtschafts- und infrastrukturellen, sozialen und mentalen „Altlasten" und Engpässe nicht bewältigt werden, wird sich der regionale Aufschwung „verspäten" mit der Folge, dass die Wachstumspotentiale der neuen Schlüsselbranchen im wesentlichen in anderen Regionen gebunden sein werden (Butzin, B. 1993, S. 12).

4   Zukunftsperspektiven

Die Krise im Ruhrgebiet läßt sich nicht im Verlauf weniger Jahre auffangen, es sind mehrere Jahrzehnte vonnöten, zumal es nicht lediglich um eine Anpassung an neue wirtschaftliche und technische Gegebenheiten geht. Die gesamte Bevölkerung muss sich neu orientieren, und um die tiefgreifenden Neuerungen sinnvoll verarbeiten zu können, müssen sich viele gesellschaftliche Konventionen ändern.

Darin liegt Risiko und Chance zugleich. Angesichts der berechtigten Furcht vor wirtschaftlichem Niedergang, vor Arbeitsplatzverlust, und sozialem Abstieg werden solche Botschaften von der breiten Mehrheit der Betroffenen aber nur ausnahmsweise als Chance, als Befreiung von Erblasten oder als kreatives Tor zur Gestaltung eines besseren Lebens empfunden. Resignation, Hilflosigkeit und Enttäuschung sind statt dessen die verbreiteten Gefühle derjenigen, die den Willen zur politischen und wirtschaftlichen Gestaltung des Systems weitgehend an Andere delegiert haben (Friedrich-Ebert-Stiftung, 2000, S. 72).

Die von manchen Akteuren noch immer erhoffte Reindustrialisierung erscheint aussichtslos; umfangreiche Industrieinvestitionen werden seit Jahren nicht mehr registriert, und außerdem sind Sektoren und Branchen nicht in Sicht, die die „Motorfunktion" des Montankomplexexes übernehmen könnten. Ob der erkennbare Trend zur Auflösung des Gesamtraumes in Teilregionen mit spezifischen neuen Schwerpunktsetzungen (z.B. Duisburg: Umweltschutztechnologie oder Dortmund: Hochtechnologie) als Ergebnis eines erfolgreichen Strukturwandels gelten kann oder ob sogar die „Ruhrstadt", wie sie der Verein „pro Ruhrgebiet" propagiert als adäquater Regionszuschnitt angemessen ist, bleibt umstritten (Schrader, M. 1998, S. 459).

Zu große Hoffnungen auf regionalpolitische Hilfen sind nicht gerechtfertigt; die Mittelzuweisungen werden erheblich gekürzt, und außerdem hat die Vergangenheit gezeigt, dass öffentliche Fördermaßnahmen eher im Infrastrukturbereich und bei der Altlastenbesei-tigung erfolgreich waren als bei der Gestaltung des ökonomischen Strukturwandels.

Das Ruhrgebiet hat keine Alternative

- zur Fortsetzung des begonnenen Strukturwandels,
- zum Aufbau neuer Netzwerke zwischen den arbeitsteilig spezialisierten Städten,
- zu einer „Public-Private-Partnership", in der verbesserte staatliche Rahmenbedingungen und private Initiativen für die Region wirksam werden,
- zur Förderung „innovativer Milieus".

(Schrader, M. 1998. S. 459)

5 Schlussbetrachtung

„Ein Besuch im Ruhrgebiet wird dein Leben verändern" lautet die Botschaft einer aktuellen Anzeige des Kommunalverbandes Ruhrgebiet. Sicherlich soll diese Aussage provozieren, aber es kommt schnell die Vermutung auf, dass hier der Wunsch Vater des Gedankens ist. Es ist richtig, dass in den letzten Jahren eine Menge vielversprechender Projekte auf den Weg gebracht wurden (aktuell u.a. Solarzellenproduktion in Gelsenkirchen, Brennstoff-zellenforschung in Essen, Softwareentwicklung für biometrische Anwendungen in Bochum), aber die dadurch entstehenden neuen Branchen haben den Verlust an Arbeitsplätzen in der Montanindustrie (noch) nicht aufwiegen können. Dennoch bin ich der Meinung, dass der Strukturwandel im Ruhrgebiet nur dann erfolgreich sein kann, wenn der eingeschlagene Weg unter Einbeziehung und Mitwirkung privater und öffentlicher Entscheidungsträger fortgeführt wird, damit auch morgen noch der Slogan gilt: „Der Pott kocht!"

Anhang

Die Prozesse der Eisen- und Stahlgewinnung

Roheisen ist ein brüchiges Metall, das nur für nicht dehn- und belastbare Körper verwendet werden kann (Drainageröhre, Motorblöcke usw.); Stahl dagegen, aus Roheisen gewonnen, ist schmiedbar und elastisch. Ca. 90% des erzeugten Roheisens werden zu Stahl weiterverarbeitet.

Für die Roheisengewinnung (Abb. 8) benötigt man Eisenerz, Kalk und Koks, der durch die Verkokung der Steinkohle gewonnen wird. Im Hochofen agiert der Koks gleichzeitig als Brennstoff, um die notwendige Hitze zu erzeugen (über 1600° C) und als Reduktionsmittel: der in ihm enthaltene Kohlenstoff verbindet sich teilweise mit dem im Erz enthaltenen Eisen zum flüssigen Roheisen, teilweise mit dem im Erz enthaltenen Sauerstoff zu Hochofen- bzw. Gichtgas.

Der Kalk verbindet sich mit dem Gesteinsanteil des Erzes zu Schlacke, die auf dem spezifisch schwereren Roheisen schwimmt. Erkaltet geht sie meist direkt in die Weiterverarbeitung zu Baustoff. Mit dem Gichtgas wird im Winderhitzer Luft aufgeheizt und komprimiert in den Hochofen geblasen.

Das flüssige Roheisen wird am Boden des Hochofens abgestochen, in Behälter geleitet und im flüssigen Zustand ins Stahlwerk befördert. Dort werden der im Eisen enthaltene Kohlenstoff und andere Verunreinigungen (Schwefel, Mangan, Phosphor), die die Sprödigkeit des Eisens verursachen, oxidiert oder chemisch in Schlacke gebunden. Anschließend wird der Stahl in Rohstahlblöcken verkauft oder aber in einem angeschlossenen Walzwerk weiterverarbeitet. Dieser Verbund auf einem Werksgelände, aber auch über Bahnverbindung, ermöglicht das rationellere Arbeiten „in einer Hitze".

Seit Mitte der 1970er Jahre wurden Produktivitätssteigerungen durch eine bessere Präparierung der Erze (Sinter, Pellets) und eine Auswahl Fe-reicher Sorten (50%) erzielt. Selbst wenn sie aus Übersee importiert werden, ist ihre Verarbeitung rentabler als die der in unmittelbarer Nähe (Lothringen, Saarland) lagernden Erze (28-33% Fe)

(Brücher, W. 1982, S. 121/123).

Weitere Informationen sind auf folgenden Web-Seiten zu finden:
www.das-ruhrgebiet.de   www.puett.de
www.abenteuer-bergbau.de   www.ruhrbergbau.de

... und zu guter Letzt:

Und in Oberhausen findet der Strukturwandel im CentrO statt, das meine Familie natürlich auch bereits besucht hat. Einmal hatte Onkel Jürgen unsere Hamburger Verwandtschaft dorthin geführt, Onkel Fritz und Tante Gisela, die zwar angesichts des Superlativs von Europas größtem Einkaufs-zentrum angemessen beeindruckt waren, letztlich aber einwendeten, nichts anderes gesehen zu haben als Geschäfte, Geschäfte, Geschäfte.

Hömma, hatte Onkel Jürgen dann gesagt und fassungslos den Kopf geschüttelt, dat könnt ihr euch ja gar nich vorstelln, watt hier los war! Watt die hier alles wegräum' musstn!

Noch in Erinnerung daran macht er eine ab-wehrende Bewegung. Wie soll man einem Ham-burger erklären, dass es sich hier nicht einfach um ein Einkaufszentrum handelt, sondern um den Fort-schritt schlechthin, um Stein gewordenen Progress, gegen den die industrielle Revolution ein Vater-tagsausflug war?

Ja hömma, sagt mein Onkel Jürgen dann, zieht die Augenbrauen hoch, verdreht kurz die Augen ange-sichts der Begriffsstutzigkeit und sagt mit Souverä-nität: Dat is eben Strukturwandel!

(Reski, P. 2001, S. 59)

Literaturverzeichnis

Brücher, W. (1982): Industriegeographie. Braunschweig

Butzin, B. (1990): Regionaler Entwicklungszyklus und Strukturwandel im Ruhrgebiet. Ansätze zur strukturellen Erneuerung? In: Zeitschrift für Wirtschaftsgeographie, Jahrgang 34, Heft 3/4, S. 208-217

Butzin, B. (1993): Strukturkrise und Strukturwandel in „alten" Industriegebieten. Das Beispiel Ruhrgebiet. In: Geographie heute, Jahrgang 14, Heft 113, S. 4-12

Coy, M. (2001): Wirtschaftssektoren. Material zur Vorlesung Wirtschaftsgeographie I vom 30.10.2001. Mannheim

Friedrich-Ebert-Stiftung, Wirtschafts- und sozialpolitisches Forschungs- und Beratungszentrum (Hg.) (2000): Strukturwandel, Tertiärisierung, Entwicklungspotentiale und Strukturpolitik. Regionen im Vergleich: Ruhrgebiet – Pittsburgh – Luxemburg – Lille. In: Wirtschaftspolitische Diskurse, Nr. 130, S. 10-19, 42-63, 72-83

Gaebe, .W. (1998): Industrie. In: Kulke, E./Arnold, A. (Hg.): Wirtschaftsgeographie Deutschlands. S. 115-140. Gotha

Gramke, J. (1995): Strukturwandel im Ruhrgebiet. In: Hommel, M.: Umbau alter Industrieregionen. 49. Deutscher Geographentag Bochum 1993. S. 19-33. Stuttgart

Gruhler, W. (1990): Dienstleistungsbestimmter Strukturwandel in deutschen Industrieunternehmen. Zitiert in: Gugisch, T./Belina, P./Maier, S. (1997): Wege des Strukturwandels in Oberfranken. Diskussion der Entwicklungen, Strukturen und Chancen des Dienstleistungsbereichs. In: Arbeitsmaterialien zur Raumordnung und Raumplanung, Heft 160, S. 84-100

Gugisch, T./Belina, P./Maier, S. (1997): Wege des Strukturwandels in Oberfranken.

Diskussion der Entwicklungen, Strukturen und Chancen des Dienstleistungsbereichs. In: Arbeitsmaterialien zur Raumordnung und Raumplanung, Heft 160, S. 84-100

Hommel, M. (1988): Das Ruhrgebiet im siedlungs- und wirtschaftsgeographischen Strukturwandel. In: Geographische Rundschau, Jahrgang 40, Heft 7/8, S. 14-21

Köhler, H.-D. (1994): Altindustrielle Regionen und Strukturkrise. Düsseldorf

Krätke, S. (1995): Stadt – Raum – Ökonomie. Eine Einführung in aktuelle Problemfelder der Stadtökonomie und Wirtschaftsgeographie. Basel, Boston, Berlin

Leser, H. (Hg.) (2001): Diercke Wörterbuch der Allgemeinen Geographie. 12. Auflage. München

Maier, J./Beck, R. (2000): Allgemeine Industriegeographie. Gotha, Stuttgart

Michel, E. (1991): Das Ruhrgebiet. Strukturwandel eines Altindustriegebietes. In: Geographie und Schule, Jahrgang 13, Heft 72, S. 2-7

Nemeczek, A. (2001): Glanzstück Kultur. In: Bissinger, M.: Merian extra – Das neue Ruhrgebiet. S. 60-66

Ott, Th. (1997): Das Europa der Regionen. Disparitäten – Potentiale – Perspektiven. In: Mannheimer Texte Online. http://www.uni-mannheim.de/mateo/verlag/reports/otteu/otteuro.htm Aufgerufen am 12.12.01.

Petzina, D. (1993): Von der industriellen Führungsregion zum Krisengebiet. Das Ruhrgebiet in historischer Perspektive. In: Schulze, R.: Industrieregionen im Umbruch. S. 246-273. Essen

Reski, P. (2001): Auf dem größten Schatz der Erde. In: Bissinger, M.: Merian extra – Das neue Ruhrgebiet. S. 58/59

Schätzl, L. (2001): Wirtschaftsgeographie 1. Theorie. 8. Auflage. Paderborn et al.

Schrader, M. (1998): Ruhrgebiet. In: Kulke, E.; Arnold, A. (Hg.): Wirtschaftsgeographie Deutschlands. S. 435-460. Gotha

Stettberger, M. (1997): Funktionaler Strukturwandel und Konsequenzen für die Flächennutzung. In: Arbeitsmaterialien zur Raumordnung und Raumplanung, Heft 164,
S. 1-31

Wolf, H. (1998):Im Westen viel Neues. Die Revierstory. Eine Bilanz. Essen